HET
NEUROAFFECTIEVE
PLAATJESBOEK

Marianne Bentzen

HET NEUROAFFECTIEVE PLAATJESBOEK

Geïllustreerd door Kim Hagen en Jakob Worre Foged

Oorspronkelijk gepubliceerd in het Deens door Hans Reitzels Forlag,
Kopenhagen.
Copyright 2014, Marianne Bentzen
Omslag door Louise Glargaard Perlmutter

Vertaald naar het Nederlands vanuit de Engelse vertaling door Linda
Riemsdijk.

ISBN 978-1-78222-918-6

Boek productie management door Into Print
www.intoprint.net
+44 (0) 1604 832149

Geprint en gebonden in het Verenigd Koninkrijk en Verenigde staten bij
Lightning Source

Inhoudsopgave

Introductie

Waarom een plaatjesboek over ontwikkelingstheorie en de hersenen uitgeven?

Neurowetenschappers schatten in dat het grootste deel van ons bewustzijn en van onze interacties met anderen non-verbaal zijn. Terwijl, heel paradoxaal, het meeste onderwijs en psychotherapeutische benaderingen allereerst verbaal zijn. Dat is wat mij motiveerde om deze beschrijving van de basale persoonlijkheidsontwikkeling te maken, welke zowel onze non-verbale ervaringen als onze verbale kennis aanspreekt.

In een optimale persoonlijkheidsontwikkeling worden de processen van het fysieke, emotionele en non-verbale zelf ondersteund en ook doordrongen van gesproken taal. Voor velen van ons heeft helaas ons verbale bewustzijn de verbinding verloren met de non-verbale dimensies in belangrijke fasen van ons leven.

Deze diepgaande verweving van de non-verbale en verbale gebieden van ons bewustzijn en onze interactie is fundamenteel voor het concept van neuroaffectieve ontwikkelingspsychologie welke psychologe Susan Hart en ik hebben ontwikkeld in meerdere boeken en artikelen in onze moedertaal, Deens. Het spijt me om te moeten zeggen, maar in het Engels zijn er beperkter bronnen, maar mocht je geïnteresseerd zijn in de theorie en onderzoeken die deze materie ondersteunen, deze vind je in de bronnenlijst achterin het boek. Om de tekst in dit boek zoveel mogelijk te vereenvoudigen, heb ik bronvermelding in de tekst weggelaten. De bronnen op de laatste pagina geven wel een lijst van boeken weer in het Engels over de neuroaffectieve theorie, modellen en onderzoeken.

Nieuwsgierigheid en speelsheid staan centraal in ons leren. Daarom hoop ik dat de luchtige illustraties van Kim Hagen en Jakob Worre Foged bijdragen aan het herstellen van sommige van de verloren verbindingen tussen jouw verbale en non-verbale bewustzijn.

Geniet ervan!

Juli 2015
Marianne Bentzen

HOOFDSTUK 1

Brein, interactie en persoonlijkheidsontwikkeling

De meeste mensen denken dat we onze hersenen hoofdzakelijk gebruiken voor het *denken en het maken van rationele beslissingen*. Dat is waarom zoveel van onze methoden voor onderwijs en oplossen van problemen in de twintigste eeuw hun focus hebben op ons zo rationeel mogelijk maken. Na het bestuderen van mensen met een hersenbeschadiging welke de verbinding hadden verloren tussen rationeel denken en gedrag, realiseerden neurowetenschappers zich toch dat mensen met normale hersenfunctie mogelijk een vergelijkbare ontkoppeling hebben.

Neurowetenschappers realiseerden zich dat we onze hersenen constant gebruiken om *waar te nemen* en te *voelen*. Wanneer we een sterke verbinding met onze emoties en wat ons lichaam waarneemt missen, wordt ons vermogen om helder te denken, redelijk te handelen en onderhouden van goede persoonlijke relaties wordt aangetast.

Iemand maakt mogelijk een heel verstandige en rationele keus *voor een ander*. Bijvoorbeeld een vriend adviseren niet al zijn geld te vergokken. Terwijl hij op hetzelfde moment zijn eigen geld erdoor jaagt.

Vanaf de dag dat we geboren worden, leren we waarnemen en voelen door onze ervaringen in contact, imitatie en zorg. Deze emotionele uitwisselingen met andere mensen vormen de basis voor onze persoonlijkheidsontwikkeling in een interactieve rijping die neuroaffectieve ontwikkeling wordt genoemd. Dat is waar dit boek over gaat.

Emotionele rijping is een leerproces. Het vermogen om in contact te zijn met anderen middels lichaamsbewegingen en gevoelens is iets dat we moeten leren. Net zoals leren praten. Het is in feite zelfs een pre-verbale 'taal'.

Het vermogen om te communiceren met anderen middels gezichtsexpressie, lichaamstaal en gevoelens is een soort van 'taal voor taal'.

Iedereen wordt geboren met het vermogen om te leren praten. Ook al kunnen we nog niet praten of woorden begrijpen op het moment dat we geboren worden. We worden óók geboren met het vermogen om het verschil te herkennen tussen plezierige en onplezierige innerlijke staat, het ervaren van een gevoel van erbij horen, liefde en zorg te ontvangen en het te geven aan anderen en om te begrijpen hoe anderen zich voelen. We hebben het vermogen al deze vaardigheden te ontwikkelen, maar de enige manier waarop we deze 'taal voor taal' kunnen verwerven, is hem te 'spreken' met andere mensen.

We worden niet geboren met een set van kant-en-klare gevoelens en gedachten. Net zoals we ook niet worden geboren met kant-en-klare taalvaardigheden.

HOOFDSTUK 2

De zone van naaste ontwikkeling

Hoe leren we nou die 'taal voor taal'? Hoe leren we eigenlijk überhaupt iets nieuws? De Russische kinderpsycholoog Lev Vygotsky merkte op dat leren heel natuurlijk gaat in wat hij noemt *de zone van naaste ontwikkeling*. Zowel kinderen als volwassenen leren alleen goed in hun zone van naaste ontwikkeling, die activiteiten definieert waarbij de ervaring zowel plezierig als uitdagend is en net voldoende succesvol.

De zone van naaste ontwikkeling zit in de verlenging van alle dingen die je al geleerd hebt en waarvan je weet hoe ze moeten.

Vygotsky maakte onderscheid tussen deze zone en de zone van wat je al onder de knie hebt of kent. Deze zone waar je het al onder de knie hebt voelt veilig en zeker, maar kan ook saai worden door een gebrek aan uitdaging. Als we ons ontwikkelen, verzamelen we meer en meer vaardigheden binnen deze zone van beheersing. Wat we vandaag de dag oefenen in onze zone van ontwikkeling zal een van onze vaardigheden worden in de zone van beheersing. Morgen, maar misschien ook pas over een maand of over tien jaar. Maar hoeveel we ook leren, er zullen altijd taken zijn die buiten ons huidige bereik liggen.

Baby's kunnen niet leren lezen. Een volwassene die voor het eerst in zijn leven fietst, moet niet de week erop al een mountainbike tocht plannen.

De drie zones van Vygotsky's

Zone van beheersing **Zone van naaste ontwikkeling** **Buiten ons huidige bereik**

Taken die te moeilijk voor ons zijn om te leren liggen *buiten onze zone van naaste ontwikkeling*. Dat klinkt heel logisch wanneer we het hebben over leren lezen of fietsen, maar het is gemakkelijk om te vergeten dat het van overeenkomstige toepassing is bij neuroaffectieve ontwikkeling. Wanneer we dit vergeten, leidt het ons gemakkelijk tot geven van advies wat lijkt op vragen van de beginnende fietser om op een mountainbike te stappen en een flinke steile heuvel op te zoeken. 'Laat je niet zo opfokken door die kleinigheden', zeggen we tegen een gestreste collega. 'Gewoon kleine nipjes nemen en van de smaak genieten', zeggen we aanmoedigend tegen een vriend die je zojuist toevertrouwde dat hij denkt dat hij geen controle heeft over zijn alcoholinname.

Wanneer een taak te moeilijk is en resulteert in falen geven we meestal op. We keren dan liever terug naar de bekende, veilige en saaiere zone van beheersing. Ingestort op onze comfortabele mentale loungebank. Onszelf pushen kan soms meer kwaad dan goed doen.

Veilig op onze mentale loungebank nemen we geen nieuwe uitdagingen aan of leren we iets nieuws.

In termen van psychologische rijping hebben we de neiging teveel en te snel te willen. We willen van onszelf – en anderen – dat we helder *denken* lang voordat we hebben geleerd om helder te *voelen.* Maar er zijn stappen in de emotionele ontwikkeling die we niet kunnen overslaan of weglaten. En onderzoek heeft aangetoond we nooit onze eerste en meest basale emotionele vaardigheden zoals imitatie en emotionele resonantie ontgroeien. Deze vaardigheden zijn het fundament van pre-verbale communicatie. De 'taal voor taal' die we dagelijks spreken. Baby's leren praten wanneer wij met ze kletsen en babytaal met ze spreken – we hebben oogcontact, zij imiteren ons zo goed als ze kunnen en wij imiteren hen op ons best.

Synchronisatie en emotionele resonantie ontstaan wanneer we elkaar zo goed mogelijk imiteren in een speelse uitwisseling. Psychologische rijping gaat niet met gezwoeg.

GA...
...GY

HA...
JYY...

HOOFDSTUK 3
De evolutie en rijping van het drie-enig brein

Na meer dan vijftig jaar studie ontwikkelde professor Paul MacLean een model van het menselijk brein welke ons menselijk bewustzijn en vaardigheden linkt aan de rest van het dierenrijk. Volgens MacLean reorganiseert ons brein zich door evolutie al meer dan 400 miljoen jaar en is het nog steeds werk in ontwikkeling. In het model van MacLean is het brein verdeeld in de drie belangrijkste ontwikkelingsniveaus. Het eerste niveau correspondeert met de functies van het reptielenbrein, de tweede correspondeert met het brein van zoogdieren zoals katten en paarden. Terwijl het laatste en meest recente vergelijkbaar is met de hersenstructuren van de hogere zoogdieren, zoals de grote apen. In het volwassen menselijke brein zijn de niveaus onderling verbonden door honderden miljoenen zenuwcellen.

Het oude zoogdierenbrein

Het nieuwe zoogdierenbrein

Het reptielenbrein

Maar ongeveer 25% van ons brein, voornamelijk op het reptielenniveau, is actief en verbonden in neurale circuits bij de geboorte. De rest komt tot ontwikkeling door interacties met de mensen om ons heen. Dit betekent dat elk individuele brein andere dingen leert. Ook al rijpen alle menselijke hersenen in dezelfde algemene volgorde. Rond de leeftijd van drie maanden is ons *reptielenniveau* volledig actief en 'online'. Deze bestaat uit het autonome zenuwstelsel, de hersenstam en de partiële cortex. Samen reguleren zij de basale lichaamsenergie en lichaamssensaties. Rond de leeftijd van acht maanden is *het oude zoogdierenbrein* volledig online. Dit deel omvat het limbisch systeem en de temporale cortex, het gedeelte dat zich bezighoudt met emotionele interacties, ervaringen en verwachtingen. *Het nieuwe zoogdierenbrein of primaten brein* begint actief te worden rond de leeftijd van negen maanden, wanneer de grote menselijke prefrontale cortex, het gebied van bewuste impuls controle, zich begint te ontwikkelen. Dit deel is pas ongeveer twintig jaar later volledig ontwikkeld, in de vroege volwassenheid. Bij een normale ontwikkeling vormen deze drie grote breingebieden en hun 'agenda's' een verfijnde integratie gedurende de eerste twintig tot dertig jaar en de prefrontale cortex ontwikkelt het vermogen tot *mentaliseren*. Dit omvat het vermogen om gevoelens van andere mensen waar te nemen en jezelf te zien met een vriendelijke objectiviteit: 'jezelf van buiten en de ander van binnen zien.'

We hebben nu een korte samenvatting van de ontwikkeling van het brein, de persoonlijkheidsontwikkeling en het drie-enig brein. De volgende hoofdstukken introduceren een model dat door psycholoog Susan Hart en mijzelf is ontwikkeld in 2010-2012: *Het neuroaffectieve kompas-model.* Dit model biedt een meer gedetailleerde kaart van de ontwikkeling van het brein en is mogelijk helpend in het identificeren van de zone van naaste ontwikkeling bij zowel kinderen als volwassenen. Elk niveau van het drie-enig brein (elk neuroaffectieve niveau) wordt geassocieerd met een specifiek neuraffectief kompas. Elk kompas geeft een overzicht van de meest belangrijke mentale processen op dat niveau.

De neuroaffectieve kompassen

De volgende drie hoofdstukken hebben elk hun focus op een niveau van het drie-enig brein in de volgorde waarop ze zich ontwikkelen:

1. Het autonome sensorische niveau met basale energiehuishouding en lichaamssensaties.
2. Het limbische emotionele niveau met verwachtingen van emotionele interacties.
3. Het prefrontale mentalisatie niveau met mentale controlepatronen en mentalisatie (denken over iemands eigen mentale en emotionele staat en dat van een ander).

In elk hoofdstuk kijken we naar zowel de gebalanceerde competenties op een neuroaffectief niveau als de stresspatronen die ontwikkelen wanneer we voorbij onze grenzen worden geduwd. Wanneer we al deze ervaringen plaatsen in het neuroaffectieve kompas voor dat niveau en met wat vragen eindigen, kan het ons helpen de patronen in onszelf en anderen te ontdekken.

Het Prefrontale Kompas
Mentale controlepatronen en mentalisatie

Het Limbisch Kompas
Verwachtingen van emotionele interacties

Het Autonome Kompas
Energie huishouding en lichaamssensaties

HOOFDSTUK 4
Het reptielenbrein – het autonome zenuwstelsel

Wij mensen hebben meerdere basale lichaamsfuncties en impulsen die overeenkomen met reptielen zoals slangen en hagedissen. De biologische ritmes zoals ademen, spijsvertering en circadiaan ritme worden geregeld vanuit het reptielenniveau. Andere impulsen en drijfveren van het volwassen reptielenbrein zijn:

De zoekimpuls, waarbij onze zintuigen en nieuwsgierigheid ons sturen in het vinden van voedsel…

of misschien een partner voor sex.

De vechtimpuls wordt ook geactiveerd door het reptielenbrein ...

... evenals de impuls om je over te geven ...

en de vluchtimpuls ...

... en een collapse of 'be-
vries' respons, welke meer
of minder intens is.

Een iets modernere evoluti-
onaire stressrespons wordt
geactiveerd bij afhankelijk-
heid. Als we afhankelijk zijn
van een ander om te overle-
ven, triggeren misbruik en
verwaarlozing mogelijk een
'tend-and-befriend' over-
levingsrespons, waar we
wanhopig blijven hangen
aan de dader.

We hebben echter ook onze dagritmes gemeenschappelijk met reptielen – de cycli van rusten, voeding en actie, die de activiteiten van ons leven samenbrengt met de ritmes van onze omgeving.

Rijping van het reptielenbrein: Het autonome sensorische gebied

We ervaren processen en signalen van het *autonome zenuwstelsel, hersenstam* en *middenhersenen* zoals *lichaamssensaties, aandachtsverschuivingen* en *bewegingsimpulsen*. Het vermogen om je *bewust te zijn* van al deze fysieke signalen en het vermogen je aandacht te verschuiven tussen ervaringen van binnen en van buiten, ontwikkelt zich in de *Pariëtale Cortex* achterin het hoofd. Samen regelen deze gebieden de *autonome regulatie en sensorische ervaringen*. In de jaren '80 ontdekte Dr. Harry Chugani in hersenscans dat deze gebieden online komen gedurende de eerste drie maanden van ons leven. Rond deze periode ontwikkelen kinderen de vaardigheden van autonome interactie met hun ouders. Hier zullen ze de rest van hun leven op vertrouwen. Nu zullen we deze ontwikkeling uiteenzetten in drie ontwikkelingsfasen.

Stap één: Ons autonome zenuwstelsel ontwikkelt zich wanneer we ondersteuning van anderen krijgen in het reguleren van arousal (spanning). Een pasgeboren baby leert dat mama eten komt brengen wanneer hij honger heeft en hem in slaap wiegt wanneer hij moe is. Hij leert dat papa en mama hem rustig benaderen wanneer ze hem voeden of in de nacht zijn luier verschonen, maar hem gedurende dag juist uitnodigen om te spelen. Door deze uitwisselingen leren we dat dagen patronen hebben en dat we kunnen verwachten dat onze behoeften bevredigd worden.

Het ervaren van veilige en voorspelbare ritmes door interacties is de eerste stap in het leren hoe we flexibel kunnen zijn zonder chaos te ervaren.

Stap twee: Gedeelde aandacht en imitatie zijn de meest basale vormen van menselijke interactie. Pas nadat een kind heeft ervaren dat een ouder zijn aandacht vangt en interesse vasthoudt kan het zelfstandig focussen en de aandacht vasthouden.

Imitatie behoeft aandacht. En door imitatie ontwikkelt een kind geleidelijk het vermogen 'onderbuik gevoel' met gezichtsexpressies te verbinden.

Stap drie: Ritmische synchronisatie creëert de dance-beat die alle menselijke interacties begeleidt. Vanaf de geboorte zal een pasgeboren kind zoeken naar en zich volledig richten op voorspelbare en gesynchroniseerde reacties van anderen. Ook is het kind duidelijk in staat om te herkennen en te uiten wat hij wel of niet leuk vindt.

Het kind is gericht op volledig voorspelbare en gesynchroniseerde reacties van anderen.

Navigatie en ontwikkeling met het autonome kompas

Om een overzicht te geven van de autonome processen, hebben Susan Hart en ik ze georganiseerd in een kompas, welke het *autonome sensorische kompas* wordt genoemd. De verticale as geeft de mate van arousal weer (het energieniveau), waarbij de polen *actief* versus *passief* aangeven. Wat aangeeft of het energieniveau 'hoog' of 'laag' is. De horizontale as geeft de hedonische toon weer en genoegen (plezierig) versus ongenoegen (onplezierig) op de tegengestelde polen. Het geeft de mate van lichaamssensaties weer in wat we leuk of niet leuk vinden.

De assen van het autonome kompas

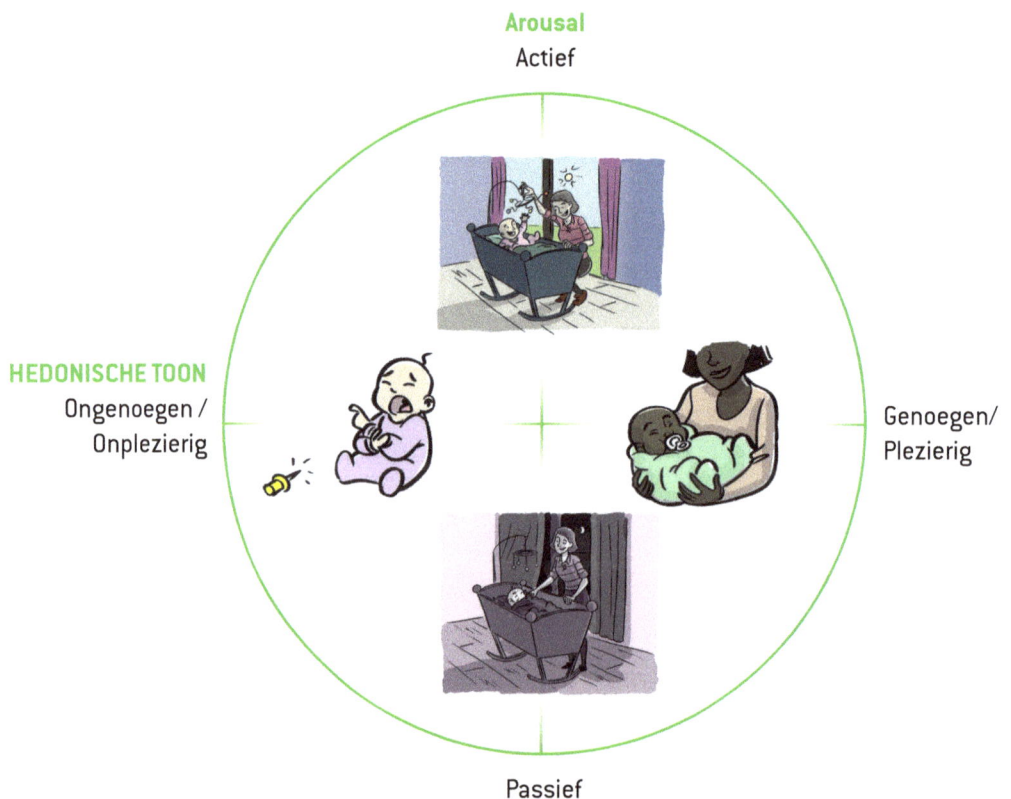

Het kompas heeft vier kwadranten. Elk kwadrant met zijn eigen specifieke ervaringen en responsen. *Actief* kan als *plezierig of onplezierig* worden ervaren. Net zoals *passief* als *plezierig* of *onplezierig* kan worden ervaren. De vier autonome kwadranten beschrijven onze basale responsen van alle sensaties en interacties. Wanneer het autonome niveau goed ontwikkeld is, is het organisme bekend met veel variaties van deze vier staten en is daarnaast in staat om op een relatief eenvoudige manier tussen de staten te wisselen.

De binnencirkel van het kompas op de volgende pagina illustreert veel voorkomende plezierige en onplezierige staten die voor de meeste mensen heel bekend zijn. Beginnend in de vroege jeugd en door ons verdere leven. Stress en trauma verstoren het systeem en verstoren daarmee ons vermogen om een evenwicht te bewaren.

Sommige volwassenen en kinderen hebben zelfs een gebrek gehad aan kansen om deze dagelijkse reactiepatronen te ontwikkelen. Met als resultaat dat ze veel tijd doorbrengen in de stresspatronen die geschetst zijn in de vier hoeken van de figuur hieronder. Je zou kunnen zeggen dat ze 'uit het kompas gevallen zijn' en hulp nodig hebben om de gezonde staten binnen in het kompas te verwerven of opnieuw te verkrijgen.

Hieronder zie je een verbale beschrijving van de verschillende reactiepatronen. Terwijl de illustratie op de achterzijde de patronen in plaatjes weergeeft.

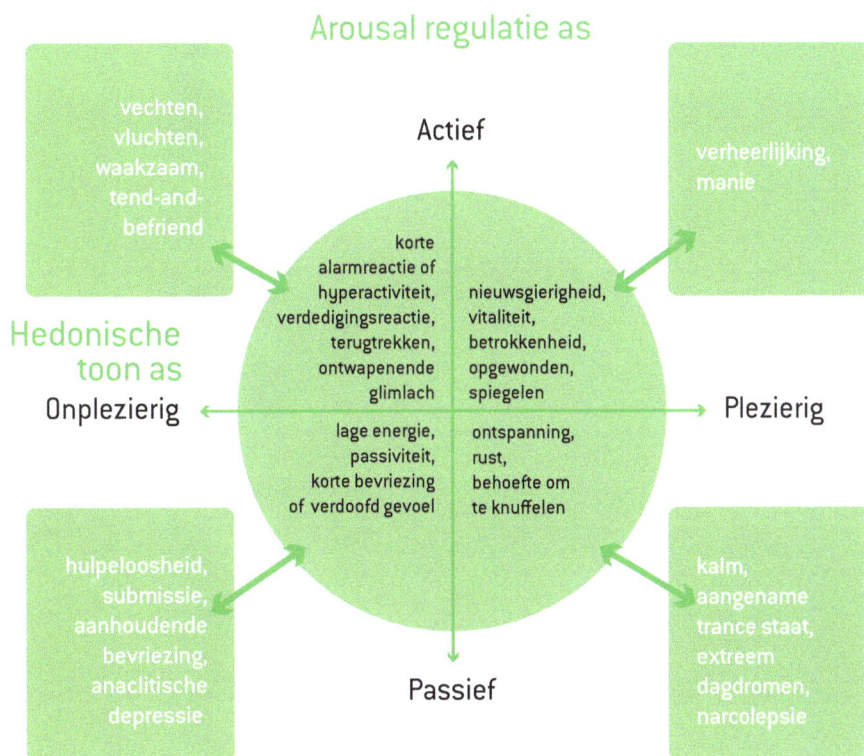

Staat van energie en lichamelijke reacties in het autonome kompas

Actief

Onplezierig

Passief

Actief

Plezierig

Passief

Synchronisatie in het sensorische domein: lichaamswaarneming, spiegelen, resonantie en regulatie

We *nemen waar* wat er gebeurt op het autonome niveau of het nu in ons eigen lichaam of in de omgeving afspeelt. Waarnemen is noodzakelijk voor de ontwikkeling van ons *somatische vermogen tot interactie*. Dit omvat aandacht, spiegelen, resonantie en *impulsen* om zorg van anderen te ontvangen, onze behoeften beantwoord te krijgen en hier comfort in te ervaren. We kunnen deze vaardigheden cultiveren, in een ongeveer vergelijkbare manier dat we dat doen met ons gevoel voor muziek, maar we kunnen niet simpelweg *kiezen* om deze aanleg te ontwikkelen. Spiegelen en synchronisatie ontvouwen zich namelijk in ons onderbewuste.

Alle basale contact, betrokkenheid en vertrouwen ontwikkelen in de diepste lagen van gesynchroniseerde interacties. Om bij een ander de ontwikkeling op dit niveau te faciliteren, moeten we zelf eerst in deze staten op dit niveau kunnen waarnemen en navigeren, voordat we een ander uit kunnen nodigen mee te doen met de 'muziek'.

Om het autonome sensorische niveau te exploreren, begin je bij het checken wat je eigen positie in het kompas is. Een manier om dat te doen is je af te vragen welke staten bekend voelen binnen de kwadranten van het grote kompas op de vorige pagina.

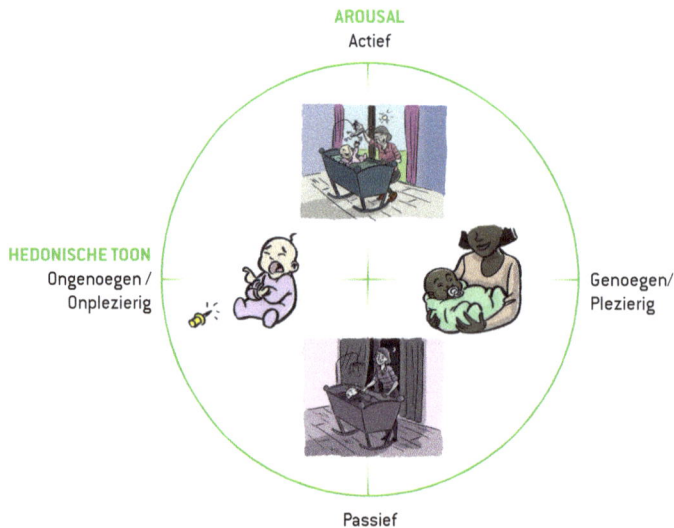

Een wat meer systematische methode is het onderzoeken van de assen. Een optie is het kiezen van een situatie waarin je overweegt welke functies aanwezig zijn en welke functies wellicht ontbreken. Is de situatie meer plezierig of onplezierig? Is je energieniveau hoog of laag? Hoe merk je dat – door welke sensaties?

Het autonome sensorische proces:

Hieronder staan enkele vragen die je wellicht kunnen ondersteunen in je exploratie van het autonome kompas:

1. Was mijn arousal (energieniveau) hoog, laag of medium?

2. Nam ik meer genoegen of ongenoegen waar? (hedonische toon, mate van plezierig/onplezierig)

3. Welke staat (kwadrant) was ik in?

4. Was ik in staat de andere persoon waar te nemen? Voelde ik enige spiegeling en resonantie?

5. Voelde mijn gezicht levendig en kwam het overeen met mijn 'onderbuikgevoel'?

6. Zijn er specifieke dingen waarvan ik de neiging heb ze te doen wanneer ik me zo voel?

7. Als ik deze staat zou willen veranderen, wat is dan de zone van naaste ontwikkeling – een kleine stap of verandering die ik wellicht zou overwegen?

HOOFDSTUK 5

Het oude zoogdierenbrein – het limbisch systeem

Het oude zoogdierenbrein, het limbisch systeem, ontstond zo'n 250 miljoen jaar geleden onder de vroegste zoogdieren. Vandaag de dag zien we dat terug in het spontane gedrag van honden en katten. Het limbisch systeem bestaat uit verschillende structuren die zich rondom het reptielenbrein bevinden. Het is in deze oude 'zoogdierenlaag' waar gevoelens en emotionele knooppunten ontstaan, zoiets als de ervaring van een 'klik' tussen twee mensen. Ook is dit de plek waar onze emotionele ervaringen en interactie gewoonten met andere mensen zich ontwikkelen, welke op hun beurt onze verwachtingen over interacties en relaties creëren.

We internaliseren emotionele ervaringen al vanaf onze geboorte. Eerst met onze ouders, later met speelmaatjes, nog later met onze eerste liefdes en uiteindelijk met onze partner of eigen kinderen. Deze emotionele ervaringen fungeren als een soort onbewuste aantrekker. Ze trekken ons naar de types interactie die we gewend zijn. Als de interactie die we gewend zijn, dezelfde is als die we willen en nodig hebben, is er niets aan de hand. Helaas worden we ook aangetrokken tot wat we gewend zijn wanneer we datgeen helemaal niet willen of nodig hebben. Gelukkig kunnen we door het leven heen alsnog nieuwe interactiepatronen en gewoonten leren. Hier zie je enkele van de meest voorkomende interactiepatronen en verwachtingen:

Je hebt wellicht de vreugdevolle verwachting dat aan je behoeften zal worden voldaan.

Maar misschien raak je ook wel te gericht op het bevredigen van je eigen behoeften en het tonen van je eigen excellentie. Waarbij je de behoeften van anderen uit het oog verliest.

We voelen mogelijk pijn, emotioneel of psychisch en verwachten dat anderen ons helpen …

… en gek genoeg, voelen we ons mogelijk heel slecht en verlangen naar hulp, maar weigeren dit ook, omdat we ons niet kunnen of durven voorstellen dat iets of iemand ons misschien iets beter kan laten voelen.

Dit zijn de staten die zich aandienen wanneer je aandacht op jezelf gericht is. Andere ervaringen ontvouwen zich wanneer je aandacht op anderen gericht is.

Misschien verwacht je
dat iemand anders blij
zal zijn met iets dat je
hem geeft of met de hulp
die je biedt.

Maar zelfs de wens om een
ander blij te maken kan
buitensporig worden wan-
neer je jezelf verliest in het
verlangen om te helpen, te
pleasen of te bevredigen.

Het is belangrijk om op te merken wanneer andere mensen boos of ontevreden zijn over een aspect van hun interactie met ons.

Terwijl deze sensitiviteit niet moet veranderen in de verwachting dat een ander altijd boos is of erop uit ons iets aan te doen.

Rijping van het oude zoogdierenbrein: het limbisch emotionele gebied

In het limbisch systeem ervaren we de processen van *gevoelens, stemmingen, betekenisgeving* en *verwachtingen* over interacties met anderen. Al deze ervaringen, evenals het vermogen om überhaupt iets te voelen, zijn afhankelijk van wat het limbisch emotionele gebied geleerd heeft van de interacties met onze ouders en daarna andere mensen. Het gebied begint zich ongeveer drie maanden na de geboorte te ontwikkelen en is volledig actief rond de leeftijd van acht tot tien maanden. Gedurende deze periode leren kinderen hun gevoelens en verwachtingen ten opzichte van de volwassenen rondom hen te coördineren. Dit vermogen voor afstemming (attunement) blijven we gebruiken en ontwikkelen gedurende de rest van ons leven. Ook nu kunnen we dit proces van afstemming verdelen in drie ontwikkelingsfasen.

Stap één: Rond de leeftijd van 3 maanden ontwikkelt zich een neurale verbinding tussen het gezicht van de baby en zijn Nervus Vagus. Deze is betrokken bij het reguleren van onze inwendige organen en produceert het 'onderbuikgevoel'. Wanneer de mimiek van de ouder ook genuanceerde emoties toont welke overeenkomen met zijn eigen onderbuikgevoel, zal de autonome synchronisatie tussen ouder en kind toenemen en afstemming ervaren op een limbisch-emotioneel niveau.

Het kind begint interne *gevoelens* zoals vreugde, verrassing, anticipatie, woede, angst en verdriet over te brengen via gezichtsuitdrukkingen. De verzorger zou met het kind *mee* moeten voelen zonder *hetzelfde* te voelen als het kind. Met andere woorden, de verzorger zou met empathie moeten reageren zonder zelf gedisreguleerd te raken wanneer het kind huilt, boos is of een driftbui heeft.

Stap twee: Het kind heeft imitatie en voorspelbaarheid nu wel voldoende onder de knie en begint het saai te vinden. In plaats daarvan ontwikkelen moeder en kind een speels spel om aangename verwachtingen, opwinding en verrassingen op te bouwen. Om dat te doen moeten ze emotioneel op elkaar afstemmen en allebei de mogelijkheid hebben om af te wisselen tussen het voelen als middelpunt en focussen op de ander. Ook zullen ze beginnen met de mogelijkheid voor *gedeelde aandacht* voor dingen en mensen buiten henzelf om. En ze ontwikkelen emotionele gewoonten en verwachtingen over de interacties. Af en toe zullen ouder en kind een moment missen en de afstemming verliezen, maar zelfs heel jonge kinderen vinden het verlies van die afstemming (miss-attunement) onprettig, waardoor ouder en kind snel reageren om tot herstel en vernieuwde synchronisatie te komen. Dit is heel belangrijk. Het is juist het *herstel* van de afstemming wat zorgt voor de opbouw van vertrouwen in relaties. Ook in volwassen relaties is vertrouwen niet alleen gebaseerd op perfecte interacties, maar op het vermogen om opnieuw af te stemmen nadat de verbinding verbroken is.

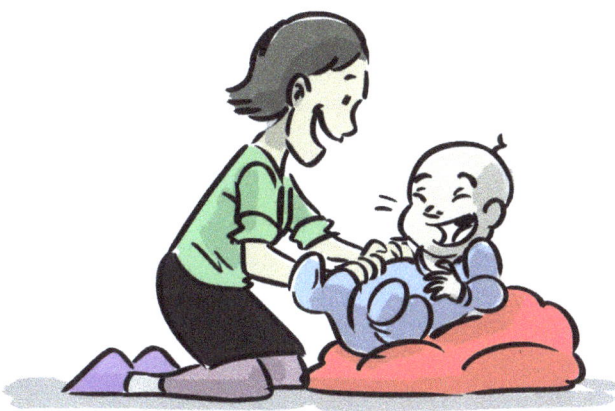

Afstemming …   … en verlies van de afstemming

Herstellen van de afstemming …   en hernieuwde afstemming.

Stap drie: Het kind heeft nu een breed repertoire aan interactie gewoonten ontwikkeld en heeft manieren gevonden voor het samenzijn met zijn ouders in verschillende situaties. Geleidelijk vormen de ervaringen van het kind een mentale kaart van primair contact. Een hechtingspatroon, welke het meest duidelijk is wanneer het kind tussen de twaalf en achttien maanden oud is. Dit patroon vormt de basis voor al onze volgende relaties gedurende de rest van ons leven. Wanneer we ons gaan identificeren met onze interactie gewoonten, voelen we ons steeds minder alsof het iets is 'wat we doen als we met anderen zijn, maar steeds meer 'dat is hoe ik ben' of ' dat is gewoon hoe het is'. De illustraties hieronder laten de belangrijkste hechtingspatronen zien met daarbij de interactie waardoor hij vaak gecreëerd wordt. Beginnend bij de onveilige hechtingspatronen en eindigend met veilige hechting.

Een kind met *onveilig vermijdende hechting* heeft wellicht de ervaring dat zijn ouders hem ondersteunen in het exploreren van de wereld, maar dat ze misnoegen of onzekerheid tonen wanneer hij nabijheid zoekt. Met als resultaat dat het kind gewend raakt aan zorgen voor zichzelf.

Een kind met *onveilige ambivalente hechting* heeft de ervaring dat de ouder ongemak of onzekerheid laat zien wanneer het kind de wereld wil ontdekken en wanneer hij nabijheid zoekt. Met als resultaat dat het kind gewend raakt aan het hebben van sterke tegenstrijdige gevoelens. Zoals het willen knuffelen en tegelijk wegduwen of gerustgesteld worden en dan de ouder slaan.

Een kind met *onveilige afhankelijke hechting* heeft de ervaring dat de ouder onzeker is en angstig lijkt wanneer het kind de wereld wil ontdekken en dat het aangemoedigd wordt om terug te komen bij de ouder. Met als resultaat dat het kind een angstige en aanhankelijk aard ontwikkelt.

Een kind met een *onveilige gedesorganiseerde hechting* ervaart zijn ouders als volledig onvoorspelbaar. Variërend tussen een gebrek aan contact, woede, angst, vriendelijkheid of hulpeloosheid. Met als resultaat dat het kind gewend raakt aan het hebben van de controle in elk contact. En op het moment dat hij daarin faalt, zal reageren vanuit de overlevingsmechanismen van het reptielenbrein: vechten, vluchten, bevriezen.

Een kind met *veilige hechting* ervaart dat zijn ouders hem ondersteunen in het exploreren van de wereld en hem verwelkomen in nabijheid. Met als resultaat dat hij gewend raakt aan een gevoel van veiligheid bij het zelf ondernemen van dingen evenals bij intiem zijn wanneer hij die behoefte heeft.

Navigatie en ontwikkeling met het limbisch kompas

Tijdens het hele rijpingsproces heeft het kind ontelbare emotionele ervaringen met contact gehad. Op basis van deze ervaringen vormt het kind gewoonten en verwachtingen over wat er in contact met anderen gebeurd. Voor
oudere kinderen betekent het dat deze gewoonten en verwachtingen – grotendeels onbewust – een blauwdruk vormen over hoe relaties zijn.

De twee assen van het limbisch-voel kompas laten ons twee belangrijke
aspecten van ons vermogen tot emotionele interacties onderzoeken, enerzijds
de emotionele kwaliteit van de verticale as. Deze gaat over *emotionele valentie*, waarbij *positieve* en *negatieve emoties* op de polen van de as staan. Ander-
zijds het middelpunt van aandacht ofwel *centrisme* op de horizontale as, met
egocentrisme versus *altercentrisme* op de polen. Dat geeft vier ervaringsge-
richte kwadranten in het limbisch voel-domein. Iemands focus kan primair
op *zichzelf* of op de *ander* zijn en die focus leidt wellicht tot voornamelijk
positieve of *negatieve* gevoelens en verwachtingen.

Assen van het limbisch voel-kompas

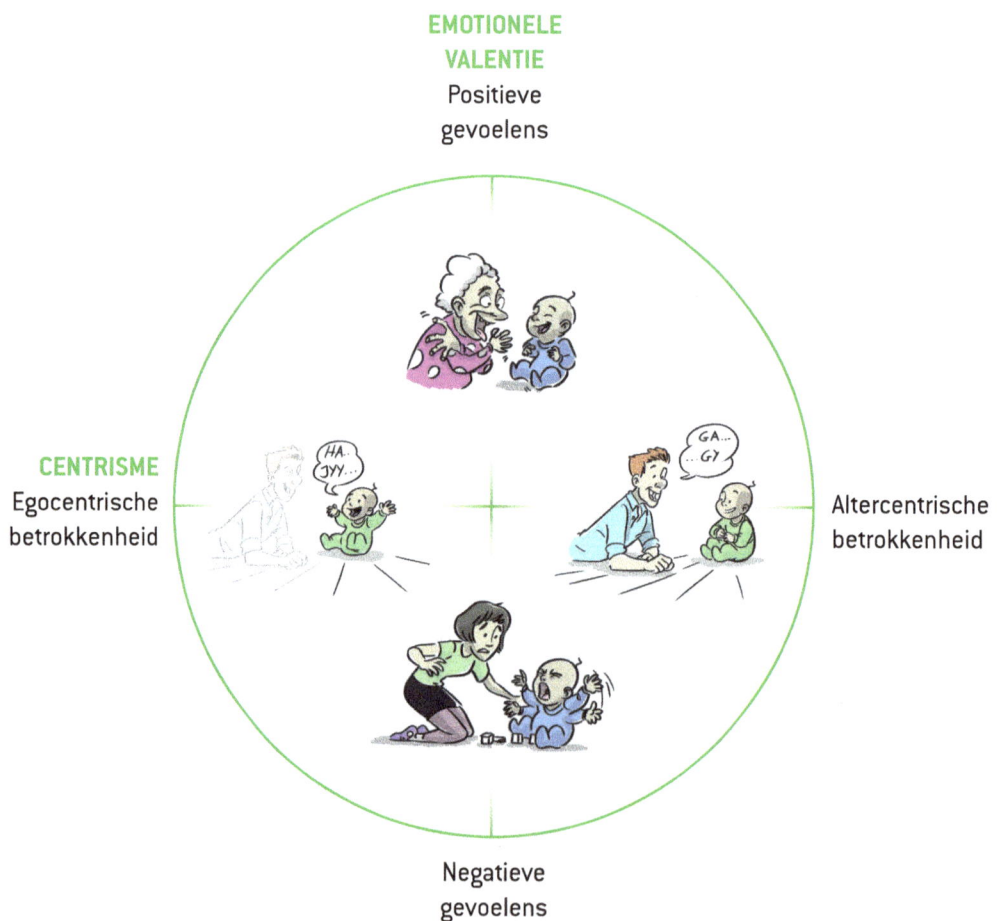

Positieve ervaringen met ouders en anderen leggen de fundering voor een veilige innerlijke kijk op de wereld en positieve verwachtingen van andere mensen.

We hebben echter ook negatieve verwachtingen en ervaringen nodig om te leren hoe we om moeten gaan met lastige situaties zonder dat we overweldigd worden door onplezierige verrassingen en negatieve emoties.

De cirkel op de volgende pagina van het limbisch kompas illustreert de alledaagse emotionele interactieverwachtingen en ervaringen welke de meeste mensen zullen herkennen uit het dagelijks leven. Op het autonome sensorische niveau kunnen conflicten, trauma's of een gebrek aan stimulatie leiden tot verstoringen van ons vermogen om een evenwicht in normale toestanden te bereiken. Bovendien falen sommige kinderen en volwassenen in het ontwikkelen van deze alledaagse reactiepatronen. Met als resultaat dat ze vastzitten en veel tijd doorbrengen in de stresspatronen, geschetst in de vier hoeken van onderstaande figuur. Overeenkomstig hebben zowel kinderen als volwassenen hulp nodig om de gezonde staten binnen het kompas te leren of te herwinnen.

Hieronder zie je een verbale beschrijving van de verschillende reactiepatronen. Terwijl de illustratie op de volgende pagina de patronen in afbeeldingen weergeeft.

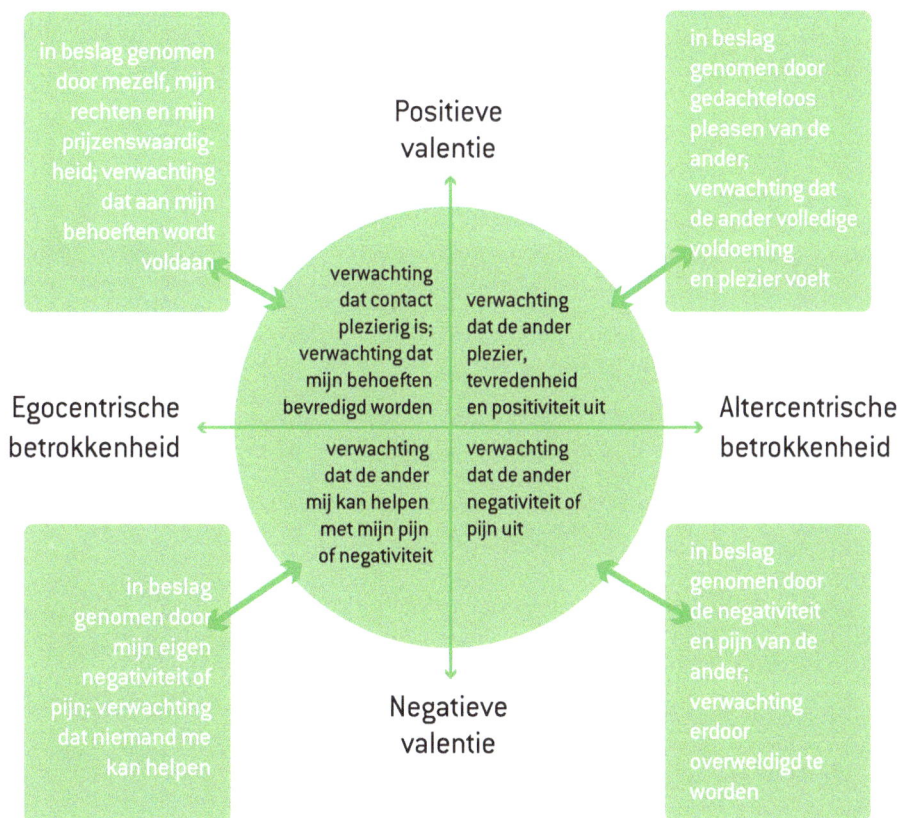

Emotionele ervaringen en verwachtingen in het limbisch kompas

Positieve valentie

Egocentrische betrokkenheid

Negatieve valentie

Positieve
valentie

Altercentrische betrokkenheid

Negatieve
valentie

Afstemming in het emotionele domein: interpersoonlijke 'chemie' en interactiegewoonten

Gevoelens en emoties spelen een essentiële rol als het gaat om ons vermogen om *hechtingsrelaties met anderen aan te gaan,* beslissingen te nemen en het ontwikkelen van de betekeniszin van het leven. Net als autonome sensaties hebben we ook over gevoelens geen controle, omdat ze gevormd worden in ons onderbewuste. Zodra we onze gevoelens leren kennen, kunnen we onderzoeken welke factoren ze in balans brengen of intensiveren. En we leren welke vormen van contact en afstemming helpen in het ontwikkelen van een meer gebalanceerd en volwassen repertoire van emoties. Net als op het autonome-voel level, moeten we bekend zijn met onze eigen limbische voel-gewoontes en expressies voordat we kunnen hopen dat we anderen kunnen helpen met exploreren en ontwikkelen met die van hen.

Je kunt beginnen met de exploratie van je limbische-voel level door te onderzoeken waar in het kompas je je het meest bevindt. Een manier hiervoor is je afvragen welke staten bekend voelen van de individuele domeinen van het kompas.

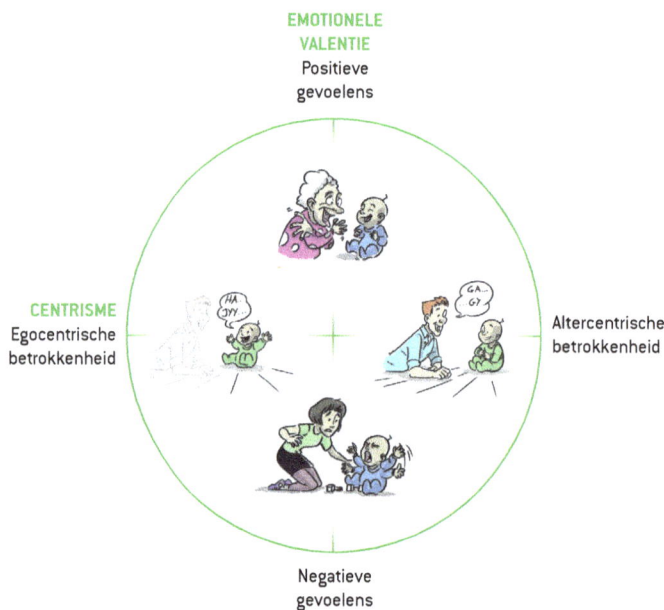

Voor een meer systemische benadering kun je de assen één voor één onderzoeken.

Zo kun je bijvoorbeeld een specifieke situatie onderzoeken en afwegen welke limbische functies aanwezig waren en of er functies ontbraken. Was je meer bezorgd om je eigen behoeften of die van de ander? Was het gevoel of de stemming positief of negatief? En wat was het gevoel? Hoe was je in staat dat te zien, te horen of te voelen?

Het limbisch emotionele proces:

Hieronder staan enkele vragen die je wellicht kunnen ondersteunen in je exploratie van het limbisch kompas:

1 Welke gevoelens nam ik waar in het emotionele contact? (emotionele valentie)

2 Was ik voornamelijk gefocust op mezelf of de ander – of waren we beiden gefocust op iets of een derde persoon? (gerichtheid)

3 Hoe voelde de interpersoonlijke 'muziek'?

4 Hoe was de wederzijdse afstemming?

5 Was er sprake van momenten zonder afstemming (miss-attunement)? En als dat zo was, had ik dan het gevoel dat we in staat waren deze momenten te herstellen?

6 Zijn deze ervaringen gerelateerd aan een bepaald gewoontegedrag of bepaalde rol die ik ken?

7 Als ik deze staat zou willen veranderen, wat zou mijn zone van naaste ontwikkeling zijn – een kleine stap of richting die ik misschien zou overwegen?

HOOFDSTUK 6
Het primatenbrein en de prefrontale cortex

Het nieuwe zoogdierenbrein of primatenbrein bestaat uit de cortex (buitenste laag). We zullen ons focussen op de *prefrontale cortex,* een van de meest recent ontwikkelde gebieden van het brein, welke zich net achter het voorhoofd bevindt. De prefrontale cortex is de hoofdzetel van rationeel denken, verbeelding, reflectie en plannen. Deze vaardigheden zijn cruciaal voor ons zelfbewustzijn, onze perceptie van context, ons vermogen om samen te werken, deel te nemen aan complexe gezelschappen en teamwork en om onszelf en anderen te begrijpen. Deze verfijnde sociale en persoonlijkheidsvaardigheden zijn de afgelopen 4-5 miljoen jaar geëvolueerd en evolueren nog steeds.

In de neuroaffectieve kijk op persoonlijkheidsontwikkeling ligt de focus op een bepaald type denkprocessen dat *mentalisatie* wordt genoemd. Dit gebruiken we om anderen en onszelf te begrijpen. Overeenkomstig beschrijven we de prefrontale cortex als het rationeel-mentaliserende gebied. Onze vaardigheid tot mentaliseren ontwikkelt zich in fasen. Het meest basale level stelt ons in staat een interne ervaring te hebben van de band met voor ons belangrijke anderen wanneer we niet bij ze zijn. Ons bewustzijn van het belang van andere mensen en ons verlangen om met hen af te stemmen, is van cruciaal belang voor een natuurlijke ontwikkeling van zelfbeheersing en een vermogen om onze behoeften te beheren. Alle sociale integratie hangt af van ons vermogen om soms af te zien van dingen die we echt willen doen en onszelf te overtuigen tot de dingen die we echt *niet* willen doen. We moeten ook kunnen bepalen welke van onze behoeften en wensen belangrijk zijn om na te streven in interacties. Terwijl we onze zelfbeheersing verfijnen, kunnen we meer volwassen niveaus van prefrontale mentalisatie ontwikkelen en beginnen we 'onszelf van buitenaf te zien', onze realiteit en onze kijk op de werkelijkheid te testen en na te denken over hoe deze onze ervaring vormen.

Op de volgende pagina's zullen we kijken naar de belangrijkste prefrontaal-mentaliserende ervaringen en de ontwikkelingsstadia waarop ze betrekking hebben.

We leren onze impulsen te remmen door een 'nee!' tegen te komen van een innerlijke stem in onszelf – of in de vroegste vorm, van een ander persoon.

We kunnen echter ook te goed worden in het remmen van onze impulsen en worden voortdurend onderdrukt en getuchtigd door een harde, straffende innerlijke rechter.

Door onze opvoeding moeten we ook leren onze wilskracht te gebruiken om dingen te doen waar we geen zin in hebben.

Dat kan echter ook overdreven zijn; zoals wanneer een innerlijke slavendrijver ons dwingt om steeds harder te blijven werken.

Door interactie met anderen leren we situaties vanuit het perspectief van iemand anders te zien…

… waardoor we vaak anderen willen helpen of aanmoedigen die het nodig hebben…

… en stelt ons in staat te voorspellen hoe iemand anders waarschijnlijk zal handelen …

… waardoor we een slimme strategie kunnen kiezen op basis van ons inzicht.

Tijdens de kindertijd leren we ook onze verbale taal te gebruiken om de externe en interne realiteit te beschrijven. Met taal kunnen we mentale beelden en verhalen vormen over ons verleden, ons heden en onze visies op de toekomst en kunnen we anderen vertellen over ons leven en onze interesses.

Onze beelden en verhalen worden een belangrijk onderdeel van ons identiteitsgevoel...

... daarom is het belangrijk voor ons om ze te testen op realiteit.

Wanneer we in conflict raken …

… kunnen we onze men-talisatievaardigheden gebruiken om onze defen-sieve impulsen te remmen …

… en in plaats daarvan te luisteren naar het stand-punt van de ander.

Dit stelt ons in staat om een situatie vanuit meer dan één gezichtspunt te bekijken en te genieten van het ontdekken van nieuwe inzichten in plaats van ruzie maken.

Helaas kunnen we taal en reflectie ook gebruiken om onszelf te verliezen in eindeloze rationalisaties die ons tegenhouden plezierige dingen te doen, tot het feit dat we het contact verliezen met ons gevoel, met name ons gevoel van vreugde …

… of we kunnen onszelf verliezen in even eindeloze rationele redenen om nog een goede, gezonde of verstandige activiteit te initiëren terwijl we het contact verliezen met onze zachtere kwaliteiten en empathische verbinding met anderen.

Wanneer we echter een open en reflectieve houding aannemen en onze vele gedachten en woorden tot rust komen, kunnen we eindelijk de waakzame, woordeloze en tedere aanwezigheid ontdekken die ook bekend staat als mindfulness.

Rijping van het primatenbrein: het prefrontale mentalisatie gebied

We nemen processen in de prefrontale cortex waar als *denken, impulscontrole, beslissingen nemen, zelfbeeld, wereldbeelden, reflecties* en staten van *mindfulness*. Ook, vanaf de vroegste kindertijd en het verdere leven, hebben we ervaringen van zowel onderling verbonden als onafhankelijke wezens, en dit samenspel stelt ons in staat om onze capaciteiten voor *empathie* en *compassie* te ontwikkelen. Sommige van deze mentale processen worden ervaren door middel van taal, terwijl anderen zich ontvouwen als mentale beelden, gevoelens of impliciete lichaamskennis. De normale ontwikkeling van deze mentale processen hangt af van de interacties met beide ouders, andere volwassene en kinderen. De prefrontale cortex wordt soms 'het orgaan van de beschaving' genoemd. Het vermogen tot socialisatie en bewuste controle begint rond de leeftijd van tien tot twaalf maanden en blijft meer dan twintig jaar rijpen. Om een kort overzicht van dit proces te geven, kijken we opnieuw naar de drie hoofdfasen van de ontwikkeling van zelfbeheersing en mentalisatie.

Stap één: Rond de leeftijd van negen maanden begint de prefrontale cortex verbinding te maken met de limbische en autonome impulsen, waardoor het kind geleidelijk zijn verlangens kan reguleren en bezorgdheid voor anderen kan tonen. Tegelijkertijd begint het kind eenvoudige en specifiekere mentale beelden van zichzelf en anderen te ontwikkelen.

In dit stadium kan het kind zijn impuls bedwingen als de ouder zegt: 'Nee, niet doen!'

… hoewel dit vaak gevoelens van schaamte, woede of nederlaag oproept …

… waardoor het kind getroost moet worden en vervolgens omgeleid moet worden om iets te doen dat hij beheerst, zodat hij waardering kan ontvangen en trots op zichzelf kan zijn.

Stap twee: Rond de leeftijd van drie tot vier jaar neemt het taalgebruik van het kind echt een vlucht en hij heeft een rijk innerlijk leven waar sensaties, gevoelens en gedachten met elkaar verbonden zijn. In dit stadium begrijpt het kind dat andere kinderen en volwassenen situaties anders kunnen ervaren dan hij. Dit inzicht bevordert interesse en zorg, maar het kan ook worden gebruikt om grappen te maken met anderen, bijvoorbeeld door zout in de suikerpot te doen. Het kind begint ook verhalen te creëren over het dagelijks leven die zijn ontwikkelende zelfgevoel ondersteunen.

Het kind kan absoluut overtuigd zijn dat hij een nieuwe activiteit gaat verafschuwen …

… maar met de zorgzame hulp van zijn ouders, zou hij het toch kunnen proberen en ontdekken dat het fantastisch is.

Dit gevoel van vreugde en prestatie kan ertoe leiden dat het kind zichzelf ziet als een wereldkampioen van zijn nieuw gevonden passie …

… en hij zal de hulp van zijn ouders nodig hebben om fantasie van realiteit te onderscheiden en zijn werkelijke ervaring te valideren en waarderen.

Stap drie: Rond de leeftijd van zeven of acht jaar begint het kind onderscheid te maken tussen zijn geïdealiseerde zelfbeeld en zijn werkelijke identiteit. Hij ontwikkelt ook de stabiele aandachtsspanne die formeel leren mogelijk maakt. Gedurende zijn school- en tienerjaren blijft hij het vermogen ontwikkelen om zijn ideeën te testen op de realiteit en wilskracht te gebruiken om zich te concentreren, taken uit te voeren en plannen te maken. Gedurende deze tijd breidt zijn wereldbeeld zich geleidelijk uit naar zowel zijn gemeenschap als de rest van de wereld. Hij ontwikkelt het vermogen om een situatie vanuit meerdere perspectieven te bekijken en begint zijn eigen en andermans perceptie van situaties op nieuwe manieren te zien. Dit verbetert op zijn beurt zijn begrip van waarom sommige uitwisselingen eindigen in vreugde en vriendschap, terwijl anderen eindigen in ruzie en vijandigheid.

De tiener leert geleidelijk om langetermijndoelen te gebruiken om zijn impulsen en behoeften te beheren, bijvoorbeeld door te sparen voor een vakantie …

… of door zich te concentreren op haar studie om goede cijfers te halen en de kans om zich in te schrijven voor de opleiding waar ze passie voor heeft.

Navigatie en ontwikkeling met het prefrontale kompas

Tijdens onze kindertijd en jeugd ontwikkelen we de vaardigheden van vrijwillige zelfregulering: Onze behoeften afwegen tegen die van anderen, wilskracht gebruiken om onze behoeften en impulsen te beheersen, voldoen aan fundamentele moraal, regels en normen en nadenken over de gevoelens en acties van onszelf en anderen. Al deze vaardigheden zijn cruciaal voor het ontwikkelen van volwassen relaties en beschaafde gemeenschappen met onze naaste buren, medestudenten en collega's, evenals onze medemensen in een mondiale context. Prefrontale vaardigheden ontwikkelen zich in interacties met andere mensen en blijven zich gedurende het hele leven ontwikkelen.

Het vermogen om onze behoeften en impulsen te beheersen en het vermogen om te mentaliseren vormen de twee assen in het prefrontale kompas: *Mentaliseren* met *laag* versus *hoog reflecterend vermogen* aan de polen en *impulscontrole* met *impulsremming* versus *impulsactivering*. Dat produceert vier ervaringskwadranten in het prefrontale kompas, waar we overwegen en beslissen wat we wel of niet doen, op basis van geautomatiseerde morele regels of reflecties en overwegingen, over de belangen van onszelf en anderen. Hoewel reflecties superieur lijken te zijn aan geautomatiseerde responsen, is een effectieve 'automatische piloot' in de meeste situaties net zo belangrijk als reflectie.

Assen van het prefrontale kompas

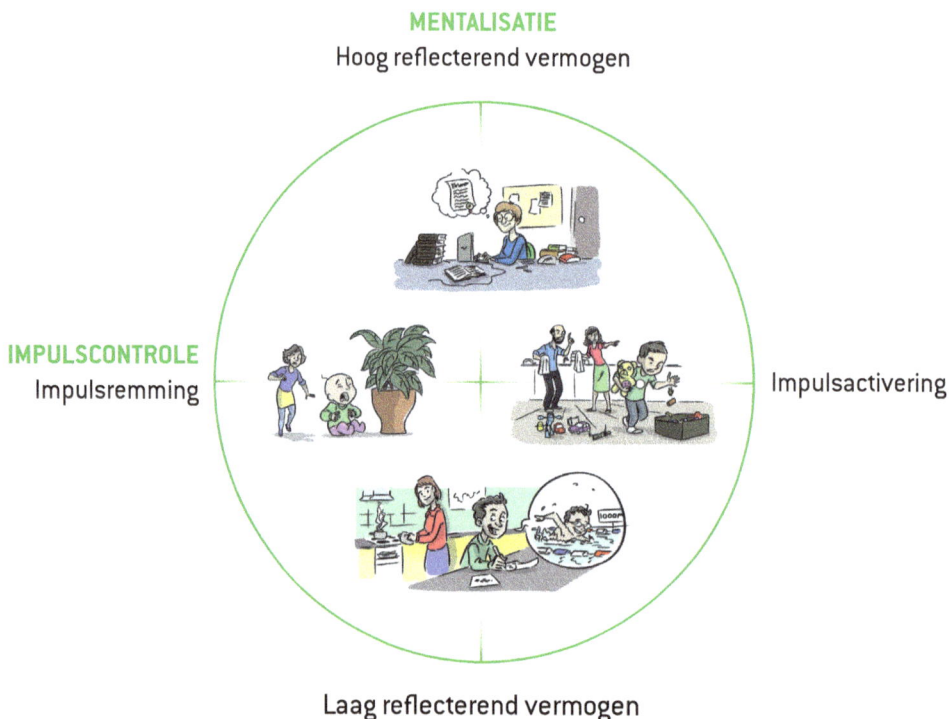

MENTALISATIE
Hoog reflecterend vermogen

IMPULSCONTROLE
Impulsremming

Impulsactivering

Laag reflecterend vermogen

Hieronder zie je een verbale beschrijving van de verschillende reactiepatronen. Terwijl de illustratie op de volgende pagina de patronen in afbeeldingen weergeeft.

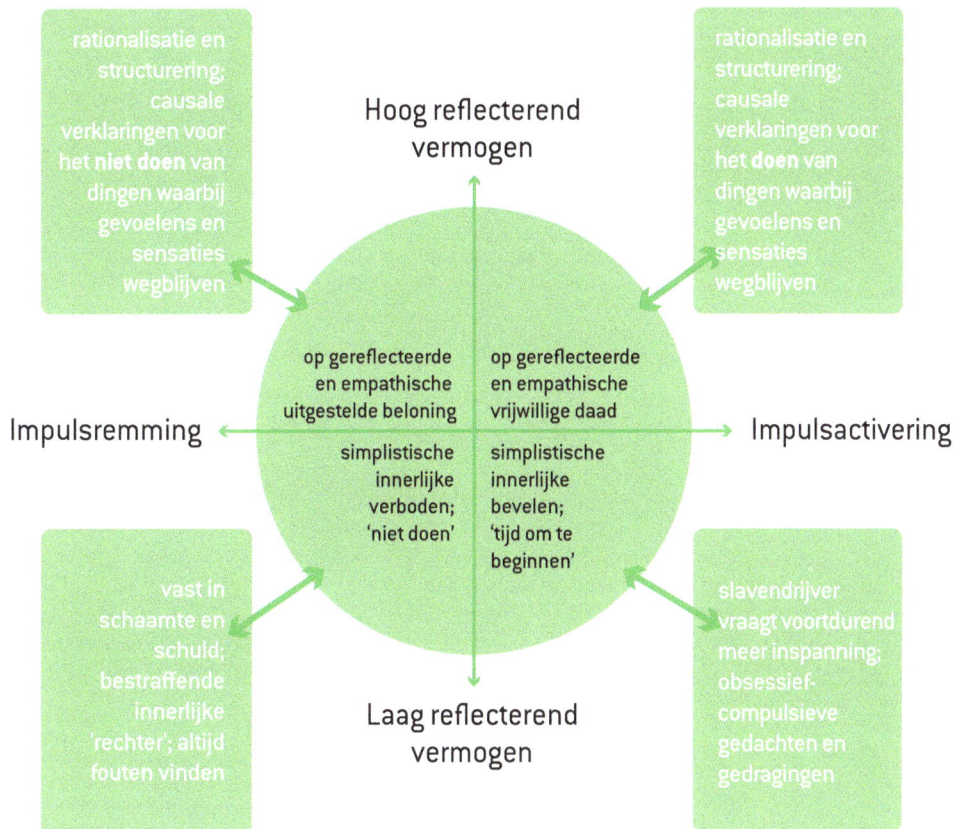

rationalisatie en structurering; causale verklaringen voor het **niet doen** van dingen waarbij gevoelens en sensaties wegblijven

rationalisatie en structurering; causale verklaringen voor het **doen** van dingen waarbij gevoelens en sensaties wegblijven

Hoog reflecterend vermogen

op gereflecteerde en empathische uitgestelde beloning

op gereflecteerde en empathische vrijwillige daad

Impulsremming

simplistische innerlijke verboden; 'niet doen'

simplistische innerlijke bevelen; 'tijd om te beginnen'

Impulsactivering

vast in schaamte en schuld; bestraffende innerlijke 'rechter'; altijd fouten vinden

slavendrijver vraagt voortdurend meer inspanning; obsessief-compulsieve gedachten en gedragingen

Laag reflecterend vermogen

De kompasomslag beschrijft de belangrijkste prefrontale ervaringen van vrijwillige regulatie – gezonde ervaringen in het kompas en stressreacties in de hoeken. De prefrontale kompascirkel toont gemeenschappelijke regulatievormen die de meeste mensen herkennen in het dagelijks leven. Net als op eerdere niveaus kunnen conflicten, trauma's of gebrek aan stimulatie leiden tot aandoeningen die ons evenwicht in de normale toestand verstoren. Bovendien hebben sommige volwassenen en kinderen deze gemeenschappelijke reactiepatronen mogelijk niet ontwikkeld. Als gevolg daarvan brengen ze veel van hun tijd door met vasthouden aan de stresspatronen die in de vier hoeken in de onderstaande figuur worden geschetst. Overeenkomstig hebben zowel kinderen als volwassenen hulp nodig om de gezonde staten binnen het kompas te leren of te herwinnen.

Mentale processen in de prefrontale cortex

Hoog reflecterend vermogen

Impulsremming

Laag reflecterend vermogen

Hoog reflecterend vermogen

Impulsactivering

Laag reflecterend vermogen

Dialoog in het mentaliserende domein: Zelfbeeld, perceptie van anderen en reflectie

Het is belangrijk om een aantal autonome veronderstellingen en oordelen te hebben die overeenkomen met onze sociale context en onze cultuur, omdat dit ons eigenheid geeft en het gemakkelijker maakt om met anderen om te gaan. Zelfs als we in de loop van een dag veel bewuste gedachten hebben, zijn de meeste niet gementaliseerd. In plaats daarvan worden ze gevormd door stilzwijgende en grotendeels onbewuste veronderstellingen. Prefrontale mentalisatie houdt in dat we nadenken over onze veronderstellingen over onszelf en andere mensen.

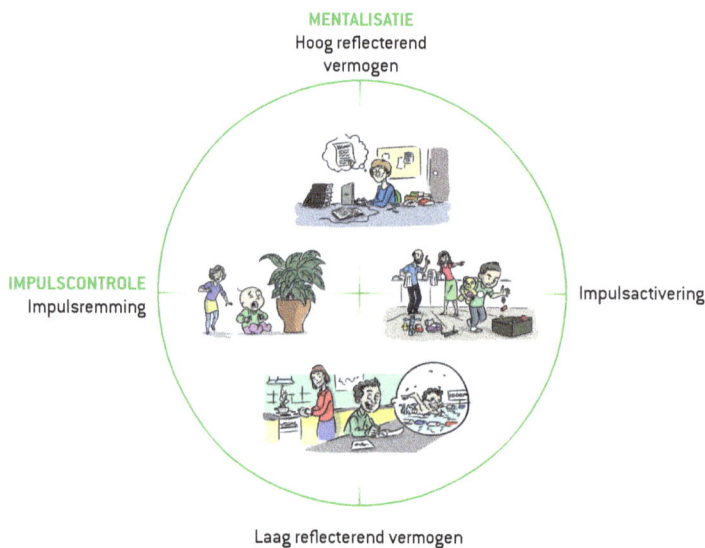

Zowel onze geïnternaliseerde 'basisregels' als onze reflecties worden verworven in dialogen met anderen en blijven evolueren in onze daaropvolgende innerlijke dialogen met onszelf. Net als op de vorige niveaus moeten we onze eigen reflectiepatronen en vrijwillige regulatie onderzoeken voordat we anderen proberen te helpen aan die van hen te werken. Om dit in jezelf te onderzoeken, kun je kijken naar een specifieke situatie of een algemene indruk, zoals je deed op de autonome en limbische niveaus.

Het prefrontale mentalisatie proces:

Om je eigen mentaliseringsproces te onderzoeken, kun je nadenken over waar je je meestal bevindt in het grote kompasmodel op de vorige pagina. Je kunt ook een meer systematische benadering kiezen door de assen in het kleine kompas op deze pagina te analyseren of na te denken over de onderstaande vragen.

1. Hoe goed ben ik erin geslaagd om ongepaste impulsen te remmen en noodzakelijke maar misschien onaangename of onaantrekkelijke taken of klusjes te voltooien? (impuls controle)

2. Werd mijn behoeftebeheersing gestuurd door mijn innerlijke kritische rechter of met empathische reflectie?

3. Zijn mijn mentale beelden en innerlijke verhalen eenvoudig of complex? (mentaliseren)

4. Heb ik mijn ideeën getoetst aan de realiteit? (mentaliseren)

5. Kan ik situaties vanuit het perspectief van iemand anders zien? (mentaliseren)

6. Heb ik iets nieuws ontdekt? (mentaliseren)

7. Als ik deze toestand wil veranderen, wat is mijn zone van naaste ontwikkeling – een kleine stap of verandering die ik zou kunnen onderzoeken?

Conclusie

Op basis van de neuroaffectieve kompassen hebben we nu de eerste golf van neuroaffectieve persoonlijkheidsontwikkeling onderzocht en een korte blik geworpen op de ontwikkeling van mentalisatie in de tweede golf. De eerste ontwikkelingsgolf begint tijdens de laatste maanden in de baarmoeder en eindigt rond de leeftijd van twee jaar. De tweede golf begint rond de leeftijd van twee en duurt tot onze vroege jaren twintig, terwijl de derde ontwikkelingsgolf de rest van ons leven duurt.

eerste golf   tweede golf   derde golf

We hebben nu het einde van deze reis bereikt. Het was voor mij de moeite waard en opwindend om deze theorie van elementaire persoonlijkheidsontwikkeling in woorden en beelden te ontvouwen, en ik hoop dat je ook genoten hebt en je neuroaffectieve perspectieven hebt uitgebreid, zowel op verbaal als op non-verbaal niveau.

Bronnen

Dit boek is gericht op afbeeldingen, niet op referenties. Als je geïnteresseerd bent in meer gedetailleerde theorie en in het onderzoek dat deze kaart van neuroaffectieve ontwikkeling en de neuroaffectieve kompassen ondersteunt, kun je deze vinden in de volgende boeken van Susan Hart en Marianne Bentzen.

Over neuroaffectieve ontwikkeling:

Hart, Susan. (2008): Brain, Attachment, Personality: an introduction to neuroaffective development. London: Karnac Books.
Hart, Susan. (2010). The impact of Attachment. New York: Norton & Co.
Een blik op gemeenschappelijke effectieve factoren in kinderpsychotherapie met de neuroaffectieve theorie en kompassen:
Bentzen, Marianne & Hart, Susan. (2015): Windows of opportunity – a neuroaffective approach to child psychotherapy. London: Karnac Books.

Informatie over de auteur, haar werk en een gratis pdf-posterafbeelding van de neuroaffectieve kompassen is te vinden op www.mariannebentzen.com

www.ingramcontent.com/pod-product-compliance
Lightning Source LLC
Chambersburg PA
CBHW041118280326
41928CB00060B/3458